SECOND MÉMOIRE

SUR

L'ESPÈCE ET LES RACES

DANS LES ÊTRES ORGANISÉS,

PAR D.-A. GODRON,

Docteur en Médecine et Docteur ès Sciences,
Directeur de l'École préparatoire de Médecine et de Pharmacie de Nancy, Conservateur
en chef des collections d'histoire naturelle et Directeur adjoint du jardin botanique
de la même ville, Membre de la Société académique fondée par Stanislas,
membre de la Société de Médecine et de la Société d'Agriculture
de Nancy, Correspondant de l'Académie de Metz, etc.

NANCY,

GRIMBLOT ET VEUVE RAYBOIS, IMPRIMEURS-LIBRAIRES,
Place du Peuple, 7, et rue Saint-Dizier, 125.

1849.

SECOND MÉMOIRE

SUR

L'ESPÈCE ET LES RACES

DANS LES ÊTRES ORGANISÉS,

PAR D.-A. GODRON,

Docteur en Médecine et Docteur ès Sciences,
Directeur de l'École préparatoire de Médecine et de Pharmacie de Nancy, Conservateur
en chef des collections d'histoire naturelle et Directeur adjoint du jardin botanique
de la même ville, Membre de la Société académique fondée par Stanislas,
Membre de la Société de Médecine et de la Société d'Agriculture
de Nancy, Correspondant de l'Académie de Metz.

NANCY,

GRIMBLOT ET VEUVE RAYBOIS, IMPRIMEURS-LIBRAIRES,
Place du Peuple, 7, et rue Saint-Dizier, 125.

1849.

Extrait des Mémoires de la Société des Sciences, Lettres et et Arts de Nancy, pour 1848.

NANCY, IMPRIMERIE DE VEUVE RAYBOIS ET COMP.

DE L'ESPÈCE

CONSIDÉRÉE

DANS LES ÊTRES ORGANISÉS,

APPARTENANT

AUX PÉRIODES GÉOLOGIQUES

QUI ONT PRÉCÉDÉ CELLE OU NOUS VIVONS.

La Géologie nous apprend, qu'avant la dernière catastrophe qui a bouleversé le globe terrestre, des générations innombrables d'animaux et de végétaux se sont succédées à sa surface. Leurs débris, véritables médailles naturelles, comme les a appelés Buffon (1), conservés dans les entrailles de la terre, ont fourni aux savants de notre siècle les moyens de remonter bien haut dans les âges anciens et d'écrire l'histoire des révolutions que notre planète, ainsi que ses habitants ont subies, même avant l'époque où l'homme parut pour régner en dominateur sur tous les autres êtres, ses contemporains géo-

(1) Buffon, OEuvres, éd. in-4°, imp. roy., suppl. 5, p. 505.

logiques. L'étude de ces débris a permis de reconnaître qu'ils ont appartenu à des animaux et à des végétaux, qui s'adaptent parfaitement au cadre de nos classifications naturelles, zoologiques et botaniques. D'une autre part, l'examen des couches terrestres a conduit à établir que certaines formes, végétales ou animales, sont propres à une couche particulière ou à un groupe de couches, de telle sorte, qu'à chacune des époques géologiques, la terre paraît avoir été couverte, dans chaque localité, d'êtres organisés qui différaient plus ou moins de ceux de l'époque précédente et de l'époque suivante.

Mais quelles relations de causalité existent entre ces êtres, qui, chacun à leur tour, ont apparu sur les mêmes points de notre planète, pendant une période détermi-née, pour céder ensuite la place à des formes organiques différentes ? De nouveaux êtres ont-ils été créés à cha-cune des époques géologiques ? ou, comme l'admet **M. de Blainville**, tous les êtres organisés auraient-ils été formés d'un seul jet et les espèces encore existantes auraient-elles seules échappé à tous les bouleversements qui se sont succédés sur notre globe ? ou bien enfin les formes actuelles ne seraient-elles que les formes an-ciennes, modifiées par les variations que les milieux am-biants ont éprouvé dans leur composition chimique, dans leur température, en un mot, dans leurs con-ditions physiques ? Delà deux systèmes, dérivés, l'un du principe de la fixité des espèces, l'autre de la doctrine de la variabilité des êtres sous l'influence des agents extérieurs ; systèmes essentiellement opposés et qui comptent l'un et l'autre d'habiles défenseurs parmi les plus célèbres naturalistes de l'époque actuelle.

Dans l'examen de cette grave question, nous nous appuyerons exclusivement sur des faits géologiques ; eux seuls peuvent nous servir de guide et jeter quelque lumière sur un sujet aussi obscur. La marche que nous suivrons sera simple : partant de l'état actuel du globe terrestre, nous considérerons successivement et comparativement les êtres organisés ensevelis dans chacune des grandes coupes géologiques, désignées sous les noms de terrains *quaternaires* ou *diluviens*, de terrains *tertiaires*, *secondaires*, *de transition*. Les terrains primitifs sont en dehors de la question, puisqu'ils ne renferment et ne pouvaient renfermer, vu leur origine ignée, aucun reste d'êtres organisés. Nous remonterons ainsi, d'âge en âge, jusqu'à l'époque où apparurent sur la terre les premières manifestations de l'organisation et de la vie.

1. *Terrains quaternaires ou diluviens.* — Si nous recherchons quels sont les êtres qui ont habité la surface de la terre, depuis la formation des dépôts tertiaires, jusqu'au dernier cataclysme dont le globe terrestre a été le théâtre, nous voyons que ces êtres furent trèsvariés ; mais généralement ils se rapprochent de ceux qui vivent aujourd'hui ; on y observe même un certain nombre de genres et d'espèces, qui, de nos jours, ont encore de nombreux représentants sur la terre.

Les débris de ces êtres organisés se trouvent dans le terrain de transport, auquel les géologues ont donné le nom de *Diluvium*, attribuant avec raison à une immense inondation ces dépôts de cailloux roulés, de graviers et de sables, mêlés d'argile rougeâtre. Ces terrains diluviens se rencontrent dans toutes les contrées du globe et partout se présentent avec des circonstances analogues, ce qui prouve que leur dispersion est un fait général, résultant de l'action d'une cause aussi violente qu'universelle. Ces fragments de roches, usés par le frottement et mêlés d'argile, forment çà et là d'immenses dépôts dans les plaines, où ils recouvrent immédiatement des terrains de nature diverse : on en voit même des traces au sommet de coteaux calcaires assez élevés, appartenant soit aux formations secondaires, soit aux formations tertiaires. Le Diluvium a de plus rempli les fissures verticales dont ces terrains sont sillonnés par suite des dislocations qu'ils ont subies; il y a plus, il s'est même introduit dans les cavernes naturelles, si fréquentes dans plusieurs couches de ces deux groupes géologiques.

Les terrains de transport, dispersés à la fin de la période quaternaire, renferment, dans beaucoup de contrées du globe, des ossements abondants d'animaux antédiluviens; qu'il nous suffise ici de rappeler les gîts ossifères si connus du Val de l'Arno, ceux de Canstadt, de l'Auvergne, etc. Dans certaines cavernes, les restes d'animaux sont bien plus fréquents encore. Enfin dans les fissures verticales ils sont même souvent tellement entassés, qu'ils semblent comme pétris dans le dépôt diluvien, et qu'on a donné à ce mélange le nom de *brèches osseuses*.

Partout ces débris organiques sont mêlés au terrain diluvien. Cette coïncidence, qui est constante, qui a été observée, non-seulement dans toutes les cavernes ossifères de l'Europe, explorées par les naturalistes, mais encore dans celles de l'Amérique et de la Nouvelle Hollande (1), est un fait bien remarquable et qui milite puissamment en faveur de cette opinion : que ces restes de la vie animale des temps anciens et le Diluvium ont vraisemblablement été introduits en même temps dans ces excavations du sol. L'état de dislocation et la singulière association qu'ils y présentent, prouvent que ces amas de cailloux et d'argile ont été soumis à une grande agitation, à une tourmente telle que l'eau seule peut en produire.

Cependant plusieurs naturalistes ont pensé que ces nombreux ossements ont été entraînés dans les cavernes par les animaux carnassiers, qui les habitaient et dont on retrouve les restes pêle-mêle avec ceux de leurs victimes. Il est même des faits qui viennent à l'appui de cette manière de voir : ainsi dans plusieurs cavernes, notamment dans celles de Lunel-vieil en France et de Kirchdale en Angleterre, on trouve des os de Mammifères qui présentent encore l'empreinte évidente des

(1) Jameson, Edind. phil. journ. 1831.

dents de carnassiers. On trouve également dans ces mêmes cavités souterraines, et mêlés aux débris osseux, des excréments d'hyènes (*album græcum*) très-reconnaissables. Mais, comme le fait observer M. Marcel de Serres, s'il est possible que, dans certaines circonstances, les carnassiers, par suite de la police qu'ils ont exercée constamment sur les autres animaux, y aient eu aussi quelque part, il n'en est pas moins certain qu'ils ne l'ont point opéré dans sa généralité, puisqu'il est un grand nombre de cavernes, où l'on n'en trouve pas le moindre vestige, et d'autres où leurs débris sont si rares qu'on ne saurait leur attribuer l'entassement réellement prodigieux des grands herbivores qui ont été leurs contemporains (1). Il est en outre des cavernes, qui sont trop peu spacieuses pour avoir pu servir de repaire aux carnivores de grande taille, dont les débris s'y trouvent cependant en quantité considérable (2). Il en est d'autres dont l'ouverture est trop petite pour avoir permis à ces animaux de s'y introduire à l'état de vie et de pénétrer dans les différentes salles à travers les couloirs étroits qui les réunissent (3). Aussi dans ces cavernes

(1) Marcel de Serres, Essai sur les cavernes à ossements, 3ᵉ éd. 1838, p. 244.

(2) Thirria, Mém. de la soc. d'hist. nat. de Strasbourg, t. 1, p. 55.

(3) Tournal, Ann. sc. nat., 1ʳᵉ sér., t. 15, p. 349; et Fargeaud, ibid. t. II, p. 244, 245, etc.

n'observe-t-on jamais d'os rongés, ni d'*album græcum* (1).

Du reste, l'hypothèse combattue ici par le célèbre géologue, que j'ai cité plus haut, n'explique pas la présence des ossements dans les fentes verticales. Aussi a-t-on recouru à une autre supposition, c'est que ces fissures ouvertes, véritables piéges naturels, ont englouti des animaux, qui par mégarde y sont tombés et y ont trouvé la mort (2) Mais la grande ressemblance des circonstances que nous présentent les dépôts des cavernes et les brèches osseuses; l'identité de beaucoup d'espèces qu'on rencontre dans l'un et dans l'autre de ces deux gîts; la réunion assez fréquente de ces deux ordres de phénomènes dans le même lieu; la communication directe de ces deux genres de cavités, observée dans plusieurs localités, semblent démontrer que ces deux faits géologiques reconnaissent la même cause et se rattachent, l'un et l'autre, aux dernières catastrophes qui ont ravagé la surface de la terre.

Il est probable, ainsi que plusieurs savants géologues l'ont pensé, que les cavernes à ossements ne furent dans l'origine que des fentes verticales, ouvertes par le haut

(1) On n'en trouve pas dans la caverne de Bize, près de Narbonne, dont l'accès est cependant très-facile (*Tournal, Ann. sc. n.* 1° *sér. t.* 12, *p.* 80), ni dans la caverne d'Osselles dans le département du Doubs (*Buckland, ibid t.* 10, *p.* 310). On peut en citer un grand nombre d'autres.

(2) Buckland, Reliquiæ diluvianæ, p. 25.

et qui, dans leur bouche béante, engloutirent le sable, les cailloux roulés et les débris d'animaux transportés par les eaux qui ont dispersé le Diluvium; que ces fentes se sont peu à peu obstruées dans leur partie supérieure par des éboulements et par des dépôts résultant d'infiltrations calcaires. Cette hypothèse expliquerait non-seulement l'analogie qui existe entre les dépôts ossifères des cavernes et des brèches osseuses, mais encore la dislocation des squelettes par la violence des eaux et le choc des pierres charriées par le courant; on comprendrait en outre le singulier mélange et la fracture des ossements précipités souvent d'une grande hauteur, et pêle-mêle avec des cailloux roulés, à travers des fissures à surfaces très-inégales. Il est du reste des cavernes, dans lesquelles viennent s'ouvrir des fentes encore remplies d'ossements et qui semblent avoir été le déversoir par lequel ces débris d'animaux sont arrivés dans la grotte. Il est certain aussi, que, dans beaucoup de localités, on rencontre du Diluvium à une hauteur plus grande que le sol des cavernes. Cela n'est pas très-rare sur la formation jurassique de la Lorraine, où l'on observe des cailloux roulés sur des plateaux de 5 à 400 mètres d'élévation au-dessus du niveau de la mer (1).

(1) La présence du dépôt diluvien, sur quelques points de la formation jurassique de la Lorraine, explique un fait de Géographie botanique, qui, au premier abord, semble être une anomalie, après les observations de M. Ch. Desmoulins. Cet ingénieux

Quelle que soit du reste la vraisemblance de l'une ou de l'autre de ces deux théories, il n'en résulte pas moins, dans chacune de ces hypothèses, que les animaux des cavernes étaient contemporains, et ce fait est important pour la solution de la question qui est l'objet de ce second mémoire.

Si l'on examine avec soin ces dépôts amassés dans les cavernes, ou qui remplissent les fentes verticales, on voit

botaniste place le *Pteris aquilina* parmi les végétaux exclusivement propres aux terrains siliceux (*Troisième Mémoire sur les causes qui paraissent influer sur la croissance de certains végétaux dans des conditions déterminées*, p. 28). Il est vrai qu'en Lorraine cette espèce végète abondamment sur le grès vosgien, sur le grès bigarré et sur les terrains primitifs de la chaîne des Vosges ; on le retrouve dans les bois de la plaine sur l'alluvion siliceuse. Mais on le voit aussi, quoique bien plus rarement, sur les coteaux de calcaire jurassique qui dominent les vallées de la Meurthe et de la Moselle. Cette circonstance m'avait empêché de signaler cette plante parmi les végétaux exclusivement silicicoles. Mais les observations de M. Desmoulins ont fixé mon attention sur ce fait, et j'ai pu depuis constater, de la manière la plus positive, que là où le *Pteris aquilina* se montre sur la formation jurassique de la Lorraine, le terrain calcaire est recouvert d'une couche épaisse de Diluvium. Ce fait démontre clairement que dans les observations de Géographie botanique, il ne faut pas considérer en masse les formations géologiques, qu'il faut descendre aux détails les plus minutieux, relativement à la nature minéralogique du sur-sol ou du sous-sol *qui nourrit réellement un végétal donné*.

qu'ils reposent sur une couche de tuf calcaire, constituant le plancher de ces cavités. Une nouvelle couche de la même substance minérale, résultat des infiltrations qui se sont faites postérieurement à l'introduction du dépôt diluvien, les recouvre en dessus, et ce glacis stalagmitique protège ainsi merveilleusement les restes d'animaux qui s'y trouvent enfouis. Cette disposition, qui est presque générale, semble également démontrer que cet enfouissement a eu lieu partout simultanément et qu'il est dû à une même cause générale.

Ces ossements des cavernes et des brèches osseuses n'ont pas, comme ceux des terrains tertiaires et secondaires, perdu complétement leur matière organique ; ils en conservent encore une assez forte proportion (1); ces ossements ne sont pas, en un mot, comme ceux des périodes géologiques antérieures, entièrement fossilisés. D'une autre part les dépôts de Diluvium ayant été opérés par des phénomènes d'un ordre tout à fait différent que les tertiaires, on a donné à ces ossements le nom de *subfossiles*, qui indique leur nouveauté relative, et M. Marcel de Serres a proposé d'y substituer la dénomination d'*humatiles* (2).

Examinons maintenant quelles sont les espèces animales, dont les débris se retrouvent dans les cavernes et

(1) Marcel de Serres, Essai sur les cavernes à ossements, 3e éd., p. 60.

(2) Ibid. p. 216.

les brèches osseuses. Les recherches faites par les géologues nous ont appris qu'on y rencontre un assez grand
nombre d'animaux, qui ont complétement disparu et
dont quelques-uns même n'ont plus de représentants
vivants du même genre.

Tels sont parmi ces derniers :

les Megatherium,
les Mastodontes,
les Paleotherium,
les Lophiodon,
les Megalonyx.

Les principales espèces perdues, mais dont les genres
existent encore dans le monde actuel, sont, parmi les
Mammifères :

l'Ursus spelæus *Cuv.*
Ursus arctoïdeus *Cuv.*
Hyena spelæa *M. de S.*
Hyena prisca *M. de S.*
Hyena intermedia *M. de S.*
Felis spelæa *M. de S.*
Felis antiqua *Cuv.*
Felis prisca *Cuv.*
Elephas primigenius *Blumenb.*
Elephas meridionalis *Nesti.*
Hippopotamus major *Cuv.*
Sus priscus *M. de S.*

Tapirus minor *Cuv.*
Tapirus giganteus *Cuv.*
Equus minutus *M. de S.*
Rhinoceros tichorhinus *Cuv.*
Rhinoceros incisivus *Cuv.*
Rhinoceros leptorhinus *Cuv.*
Rhinoceros minutus *Cuv.*
Cervus giganteus *Blumenb.*
Cervus Destremii *M. de S.*
Cervus Reboulii *M. de S.*
Cervus Dumasii *M. de S.*
Capreolus australis *M. de S.*
Capreolus Tournalii *M. de S.*
Cervulus coronatus *M. de S.*
Antilope recticornis *M. de S.*
Antilope Christolii *M. de S.*
Bos intermedius *M. de S.*
Bos bombifrons *Harlan.*

Pêle-mêle avec les ossements des espèces précédentes, on observe des débris d'espèces encore vivantes. Parmi celles dont on a pu retrouver des restes assez bien conservés pour être déterminés avec certitude, il faut compter dans les cavernes de l'Europe et surtout dans celles de France :

Vespertilio murinus *L.* (la Chauve-Souris ordinaire);
Vespertilio auritus *L.* (l'Oreillard commun);

Erinaceus europæus *L.* (le Hérisson);

Talpa europæa *L.* (la Taupe commune);

Ursus meles *L.* (le Blaireau d'Europe);

Ursus Gulo (le Glouton);

Viverra vittata *L.* (le Grison);

Mustela Putorius *L.* (le Putois);

Mustela Lutra *L.* (la Loutre);

Mustela vulgaris *L.* (la Belette);

Canis familiaris *L.* (le Chien);

Canis Lupus *L.* (le Loup);

Canis Vulpes *L.* (le Renard);

Felis Leo *L.* (le Lion);

Felis Leopardus *L.* (le Léopard);

Felis Serval *L.* (le Serval);

Felis ferus *L.* (le Chat sauvage);

Mus amphibius *L.* (le Rat d'eau);

Mus arvalis *L.* (le Campagnol);

Mus sylvaticus *L.* (le Mulot);

Mus Rattus *L.* (le Rat);

Mus Musculus *L.* (la Souris);

Sciurus vulgaris *L.* (l'Écureuil);

Lepus timidus *L.* (le Lièvre);

Lepus Cuniculus *L.* (le Lapin);

Sus Scophra *L.* (le Sanglier);

Equus Caballus *L.* (le Cheval);

Equus Asinus *L.* (l'Ane);

Cervus Dama *L.* (le Daim);

Capra ægragus *Gmel.* (la Chèvre);

Ovis tragelaphus *Cuv.*

Bos Urus *Gmel.* (l'Aurochs);

Bos Taurus *L.* (le Bœuf domestique);

Bos Bubalis *L.* (le Buffle).

Toutes ces espèces de Mammifères vivent encore dans l'ancien continent et leurs ossements ne se trouvent ni dans les grottes de l'Amérique, ni dans celles de la Nouvelle Hollande. Ces deux dernières parties du monde renferment dans leurs excavations des espèces et des genres qui ont encore des représentants vivants, sur leur sol; mais, comme en Europe, on y rencontre aussi des genres qui ont disparu complétement. La spécialité que nous observons encore aujourd'hui dans les formes animales de ces trois grandes divisions de la terre, existait donc déjà, avant la dispersion des dépôts diluviens, et il résulte de ce fait remarquable, que les débris des animaux propres à chacune d'elles n'ont pas été transportés d'un continent à l'autre dans les immenses inondations qui ont porté le ravage et la mort à la surface de la terre. A cette époque, du reste, les mers étaient déjà rentrées dans leurs bassins actuels et leurs eaux n'ont pas concouru à produire le dernier cataclysme, comme le prouve l'absence presque complète d'animaux marins dans les terrains diluviens.

Ce qui semble aussi démontrer que les animaux, enfouis dans les cavernes et dans les brèches osseuses, vivaient non loin des lieux où ces excavations ont été

creusées, c'est qu'on trouve confondus avec les Mammifères, que nous y avons indiqués, des coquilles terrestres dont les espéces sont encore vivantes dans les
mêmes lieux. Aussi dans les cavernes du midi de la
France, si riches en ossements de quadrupèdes, on rencontre le test des Mollusques dont les noms suivent :

Helix nemoralis *L.*
— fruticum *Muller.*
— variabilis *Drap.*
— rhodostoma *Drap.*
— nitida *Muller.*
— lucida *Drap.*
Bulimus decollatus *Gmel.*
Cyclostoma elegans *Drap.*
Paludina vivipara *Lam.*
Etc., etc. (1).

Nous ajouterons encore que les dépôts diluviens, introduits dans les cavernes, sont de nature identique avec
ceux qu'on observe dans les plaines voisines (2).

Mais s'il en est ainsi, la population des cavernes de la
France, de l'Allemagne, de la Belgique et de l'Angleterre nous offre donc des animaux, tels que l'hyéne, le

(1) Marcel de Serres, Essai sur les cavernes, 5e éd., p. 207.
(2) Thirria, Mém. de la Société d'hist. nat. de Strasbourg,
t. I.

lion, le léopard, etc., qui de nos jours ne se retrouvent
à l'état de vie que dans les régions chaudes de l'Afrique
et de l'Asie, et qui ont complétement disparu de l'Europe, où ils vivaient cependant pendant la période quaternaire. S'ils ont cessé d'y exister, cela ne tient-il pas
à ce que, pendant cette époque géologique, la chaleur
de notre climat était plus élevée qu'aujourd'hui, ce que
confirment du reste tous les faits géologiques, sur lesquels se trouve enfin solidement établie la théorie de
l'origine ignée de notre planète et de son refroidissement successif? Mais d'autres espéces des cavernes sont,
comme nous l'avons vu, actuellement vivantes dans les
mêmes lieux, et il est à remarquer que ces espèces, communes aux deux époques, sont précisément celles qui,
de nos jours, peuvent, ainsi que l'homme, affronter tous
les climats. Les descendants de ces types spécifiques anciens, qui habitent encore notre sol, nous présentent
cependant des caractéres ostéologiques semblables à ceux
de leurs ancêtres des cavernes, et nous sommes ainsi
conduit à admettre que, malgré la différence de température de l'Europe sous la période quaternaire et sous
la période actuelle, ces espèces animales n'ont pas varié ;
ce qui est conforme à cette loi, établie dans notre premier mémoire (1), que le climat tue les animaux plutôt
que de les modifier.

Mais un fait bien remarquable, pour l'histoire natu-

____

(1) Mém. de la Société de Nancy, pour 1847.

relle du genre humain, c'est qu'au milieu des débris de toutes ces espèces, qui peuplaient l'ancien monde pendant la période quaternaire, on a rencontré, depuis quelques années, dans un grand nombre de localités diverses, des ossements humains, confondus avec des débris de Mammifères perdus. Ces faits inattendus ont été positivement constatés dans les cavernes du Kentucky en Amérique (1), dans plusieurs de celles de l'Angleterre, de la Belgique, de la Franconie, enfin en France, dans celles de Nabrigas (Lozère), de Mialet, de Jobertas, de Pondres, de Souvignargues (Gard) et enfin de Bize (Aude) (2). Partout les mêmes circonstances accompagnent ces dépôts ossifères.

Il n'est cependant pas possible de penser, pour expliquer la présence de ces ossements humains dans le limon des cavernes, qu'elles aient servi autrefois de lieux de sépulture : car on n'y rencontre que des ossements isolés, plus ou moins brisés et jamais de squelettes humains entiers.

Dans plusieurs de ces mêmes cavernes, et notamment dans celles de Bize, de Mialet, de Nabrigas, de Fausan, on a trouvé également, au milieu du sol diluvien, divers produits de l'industrie humaine, et principalement des fragments de poterie des plus grossières. Enfin, dans quelques-unes de ces cavités souterraines, on observe,

(1) Harlan, Journ. am. nat. soc. 1831.
(2) Marcel de Serres, Essai sur les cavernes, p. 194.

mêlés aux autres débris animaux, des os d'espèces de quadrupèdes perdus, évidemment travaillés par la main des hommes (1). Ces faits nous paraissent établir que les espèces perdues, entassées dans les cavernes, furent vraisemblablement contemporaines de l'homme.

Une autre circonstance tend également à confirmer cette conclusion : on a reconnu, à l'aide d'analyses faites avec le plus grand soin, que les ossements humains des cavernes de Pondres et de Souvignargues ont abandonné une aussi grande proportion de leur matière animale, que les ossements d'hyènes qui les accompagnent ; qu'ils sont aussi cassants et qu'ils happent également à la langue.

Cependant, bien que les faits dont il vient d'être question, ne soient pas contestés, tous les naturalistes sont loin d'admettre qu'on puisse en déduire que les ours et les rhinocéros fossiles furent contemporains de l'homme et vécurent dans les mêmes lieux. La ressemblance des produits de l'industrie humaine, trouvés dans les cavernes de la France et de l'Angleterre, avec ceux qu'on rencontre dans les tumulus des anciens gaulois et bretons ; la présence d'objets analogues ensevelis autour des autels du culte druidique, ont conduit plusieurs auteurs modernes à admettre, contrairement à l'opinion émise par MM. Marcel de Serres, de Christol, Tournal, etc., que ces ossements humains n'ont pas appar-

(1) Marcel de Serres, l. c. p. 196.

tenu aux périodes antédiluviennes ; mais que, depuis les temps historiques, les cavernes ont peut-être servi successivement de temples, d'habitations, de refuge ou de défense ; que dès lors on conçoit que, par des inondations accidentelles, tous ces débris d'époques bien différentes, ont été dispersés et enfouis pêle-mêle dans le sol des cavernes (1).

Le fait principal sur lequel s'appuyent les savants défenseurs de cette dernière opinion est sans contredit l'analogie qui existe entre les poteries trouvées dans les cavernes et dans les tombeaux gaulois ; mais il nous semble démontrer seulement que ces objets de l'industrie du monde ancien appartenaient à un peuple aussi avancé en civilisation que ceux qui construisirent les tumulus et les dolmens. Du reste de ce que quelques-uns de ces ustensiles, trouvés dans les cavernes, seraient réellement de fabrication gauloise ou bretonne, il ne faudrait pas en conclure que ces objets sont de même date que les ossements humains des cavernes. Il existe quelquefois, dans le sol de ces cavités, des fissures par lesquelles des fragments de poteries ont pu s'introduire et être recouverts postérieurement par le dépôt stalagmitique. Buckland n'a-t-il pas rencontré dans la caverne d'Osselles des coquilles de noix récentes en contact avec des os d'*Ursus spelœus*, et il a reconnu qu'elles s'é-

(1) Teissier, Bull. de la Soc. géol. de France, t. 2, p. 56 à 64 ; Desnoyers, ibid, p. 252.

taient introduites par une fissure occasionnée par le
desséchement du sol (1). Mais il n'en peut être ainsi
des ossements humains et encore moins des nombreux
débris d'animaux domestiques, qui, comme nous le ver-
rons plus loin, existent aussi dans les dépôts des cavernes ; si ces ossements s'y étaient engagés par des fissures, il en serait resté quelques-uns à la surface, ou du
moins ou en observerait d'engagés dans la couche de
stalagmite, ce qui n'a été vu nulle part.

Jamais non plus on n'a rencontré dans les cavernes de
traces d'autels ou de tumulus, ni d'armes de guerre.
Nous ferons également observer que pour justifier l'hypothèse que nous combattons, on fait intervenir des
inondations accidentelles qui, depuis les temps historiques, auraient bouleversé le sol des cavernes ; et
cela pour rendre raison du singulier mélange qu'y présentent les dépôts ossifères. Mais il est des cavernes à
ossements, tellement élevées au-dessus du cours des
rivières actuelles, qu'elles n'ont pu être évidemment
atteintes par des inondations purement locales ; et tout
prouve, comme nous l'avons vu, que le remplissage de
ces cavités souterraines est le résultat d'une inondation
générale.

Tout nous porte donc à admettre comme très-pro-
bable que l'homme fut contemporain des espèces animales, dont les restes sont entassés dans le sol diluvien

(1) Buckland, Ann. sc. nat., 1re sér., t. 10, p. 312.

des cavernes; et qu'il existait par conséquent avant la dernière catastrophe dont la terre a été le théâtre.

Ce qui n'est pas moins remarquable, c'est qu'à l'époque où ces ossements humains furent enfouis et mêlés aux dépôts ossifères, l'homme offrait déjà plusieurs races distinctes. M. Chmerling a rencontré dans les cavernes à ossements de la Belgique des fragments de crânes humains, dont la conformation est différente de celle des habitants actuels de ce pays et se rapporte à la race éthiopienne. M. Boué a aussi observé, dans un dépôt diluvien très-puissant près de Baden en Autriche, des têtes humaines qui offraient également la plus grande analogie avec celles des nègres (1). D'autres crânes, trouvés dans les vallées du Rhin et du Danube, ont présenté, au contraire, d'assez grandes ressemblances, les uns avec ceux des Caraïbes, les autres avec ceux des anciens habitants du Chili et du Pérou (2).

Si l'homme avait déjà subi, à cette époque reculée,

(1) Ces faits semblent venir à l'appui de l'opinion de M. de Serres, qui considère la race noire comme la race primitive, parce qu'elle est la plus imparfaite; pour lui cette race d'hommes est le débris d'un monde antérieur; elle a survécu misérablement au théâtre de sa force et de sa puissance. Blumenbach, au contraire, considère la race blanche comme le type originaire de l'espèce humaine.

(2) Marcel de Serres, Essai sur les cavernes à ossements, p. IX et 225.

des modifications dans ses caractères physiques, il en est de même de plusieurs espèces animales. Ainsi les débris de chevaux et de bœufs, amoncelés en si grand nombre dans les cavernes de Lunel-vieil et de Bize, présentent, suivant M. Marcel de Serres, des variations d'un individu à l'autre ; mais ces différences ne sont jamais assez grandes pour faire penser que ces individus aient appartenu à des espèces distinctes, et pour faire perdre de vue les types desquels ils dépendent (1). Ces deux espèces animales, d'où paraissent être issus nos chevaux et nos bœufs domestiques actuels, avaient donc déjà subi l'action de l'homme, lui étaient asservies sans doute depuis longtemps : car la domesticité a pu seule, comme nous l'avons démontré dans notre premier mémoire (2), produire des races tranchées parmi les animaux. Est-il étonnant dès lors que nous ne connaissions plus les types sauvages primitifs de ces deux espèces (3)? Ces faits permettent en outre de supposer que l'homme avait atteint dès lors un certain degré de civilisation et qu'il se livrait peut-être déjà aux travaux de l'agriculture.

(1) Marcel de Serres, Recherches sur les cavernes de Lunel-vieil et de Bize.

(2) De l'espèce et des races dans les êtres organisés de la période géologique actuelle (*Mém. de la Soc. de Nancy*, 1847).

(3) C'est peut-être pour le même motif, que nous ne connaissons plus le type sauvage de plusieurs de nos céréales.

Mais si les bœufs et les chevaux des cavernes s'é-
taient, de même que l'homme, modifiés et formaient
plusieurs races, il n'en est pas ainsi des espèces qui ont
encore sur la terre des représentants sauvages. Les débris de chacune de ces espèces antiques offrent, au
contraire, entre eux une ressemblance parfaite. Les
ossements du chat des cavernes du midi de la France se
rapportent tous au *Felis ferus*, et non à notre Chat domestique ; il paraît en être de même des individus du
genre Cochon, dont les restes ont été étudiés et qui
appartiennent plutôt au sanglier qu'à nos porcs domestiques : ce qui a conduit M. Marcel de Serres à admettre
que ces deux espèces n'existaient qu'à l'état sauvage, lors-
que leurs débris furent engloutis dans les cavités souterraines (1). Ces animaux n'auraient donc subi le joug
de l'homme que depuis la période géologique actuelle :
aussi ont-ils éprouvé bien moins de modifications que
plusieurs autres de nos espèces domestiques, et connais-
sons-nous encore leurs types sauvages.

De plus, toutes les espèces qui vivaient à l'état de
liberté avant le dernier bouleversement que la terre a
éprouvé, et qui se sont propagés jusqu'à l'âge actuel
sans subir la servitude, nous présentent, à ces deux
époques si éloignées, une uniformité remarquable dans
leurs caractères ostéologiques. Ainsi on ne voit aucune
différence sous ce rapport, par exemple, entre les hyènes

____

(1) Marcel de Serres, Essai sur les cavernes, 3ᵉ éd., p. 218.

et les lions des cavernes et les individus de même espèce qui habitent actuellement les déserts de l'Afrique.

Aucune de ces espèces sauvages n'a donc varié, en passant d'une période géologique à l'autre, argument bien puissant, ce nous semble, en faveur de l'opinion de la fixité des espèces.

Mais en fut-il ainsi des espèces perdues ? Celles-ci en se modifiant pendant la période quaternaire, n'auraient-elles pas donné naissance à plusieurs des espèces qui vivent aujourd'hui et dont aucun débris n'est venu jusqu'ici témoigner la présence dans le monde ancien ? Les deux espèces d'éléphants qui habitent encore actuellement, l'une les Indes, l'autre l'Afrique, ne seraient-elles pas descendues de l'*Elephas primigenius* de Blumenbach (1), dont nous retrouvons de nombreux ossements dispersés, non-seulement dans toute l'Europe, mais dans le nord de l'Asie et de l'Amérique ? G. Cuvier qui a étudié cette question à plusieurs reprises et avec le plus grand soin, se prononce pour la négative (2). Si on compare en effet l'Eléphant primitif à l'espèce encore vivante, qui en est la plus voisine, c'est-à-dire, à l'Eléphant des Indes, de nombreuses différences ostéologiques les séparent. La découverte faite en 1799, sur

(1) Blumenbach, Handbuch der Naturgeschichte, éd. 6, p. 697.

(2) G. Cuvier, Mém. de l'inst. 2, p. 16 ; Ann. du mus. 8, p. 260, et Ossem. fossiles, 2ᵉ éd., 2, p. 175 et suivantes.

les bords de la mer Glaciale, à l'embouchure de la Léna,
d'un individu de l'espèce antique, conservé dans les
glaces avec ses chairs, sa peau et sa longue crinière, a
prouvé que cet animal n'en différait pas moins par ses
caractères extérieurs que par ceux du squelette. Notre
Eléphant d'Afrique s'éloigne bien plus encore de l'espèce
antédiluvienne et cela par des caractères d'une bien
plus grande valeur, par la structure même de ses dents
molaires. Or comment admettre que les influences extérieures aient pu modifier à ce point l'Eléphant primitif,
pour le transformer dans nos espèces actuelles ? Ces
influences eussent agi pareillement sur tous les autres
Mammifères de la période quaternaire, qui se sont propagés jusqu'à nos jours ; et nous avons vu que ces derniers, du moins ceux qui sont restés sauvages, n'ont subi
aucune altération et se montrent aujourd'hui tels qu'ils
étaient avant la dispersion du Diluvium. Les mêmes
causes auraient dû nécessairement déterminer des effets
analogues. Du reste ces influences, auxquelles on fait
jouer un si grand rôle dans les créations anciennes,
quelles étaient-elles alors? La température vers les pôles
était plus chaude sans doute qu'aujourd'hui; mais, nous
l'avons vu, les espèces animales qui, de nos jours et sans
doute depuis un grand nombre de siècles, sont répan-
dues depuis les tropiques jusque vers la mer Glaciale,
n'ont éprouvé sous des climats si divers aucune modifi-
cation importante. L'abaissement graduel de la température du globe est sans doute devenu incompatible avec

l'existence de l'Éléphant primitif, malgré les longs poils
et la laine qui le protégeaient ; c'est là peut-être la cause
qui a fait disparaître de la surface de la terre cette
espèce du monde ancien , ainsi que beaucoup d'autres.
La composition de l'air et son état hygrométique étaient-
ils , pendant la période quaternaire , différents de ce
qu'ils sont de nos jours ? la proportion de ses éléments
a-t-elle varié ? S'il en fut ainsi, ces changements ne furent
pas de nature à rendre impossible la fonction respira-
toire, puisqu'un assez grand nombre d'espèces à respi-
ration pulmonaire ont pu continuer à vivre. Comment
du reste comprendre que les influences extérieures aient
pu changer le système dentaire de l'*Elephas primigenius*, de manière à produire celui de l'Éléphant d'A-
frique ? La domesticité, l'agent modificateur le plus
puissant qui nous soit connu, a bien pu produire chez
les animaux asservis à l'homme des variations innombrables ; mais sur aucune de nos espèces domestiques,
même les plus anciennes, les dents et surtout les molaires
n'ont pas été altérées dans leur conformation. Or, si cette
transformation d'une espèce dans une autre espèce n'est
pas possible, à plus forte raison ne peut-on pas admettre
la métamorphose d'un genre dans un genre différent et
considérer l'*Elephas primigenius* comme descendu lui-
même du Mastodonte ou du *Dinotherium*.

II. *Terrains tertiaires.* — Si nous étudions maintenant la population d'animaux qui habitaient la surface
de la terre pendant la période tertiaire, nous y trouvons

encore des Mammifères ; mais leurs restes se montrent exclusivement dans certaines couches du groupe supra-crétacé et principalement dans celles de formation d'eau douce. Plusieurs espèces sont communes à cette époque et à l'époque précédente, et ont par conséquent passé ainsi d'une période à l'autre, sans éprouver de varia-tions, comme l'atteste l'identité de leurs débris, soit qu'on les trouve dans le Diluvium, soit dans les dépôts ter-tiaires. Telles sont, parmi ces espèces, les suivantes :

Mastodon angustidens *Cuv*.
— minutus *Cuv*.
— tapiroïdes *Cuv*.
Hippopotamus major *Cuv*.
— minutus *Cuv*.
Rhinoceros incisivus *Cuv*.
Tapirus giganteus *Cuv*.
Plusieurs Palæotherium et Lophiodon , etc.

Il est d'autres espèces, au contraire, dont on retrouve les restes seulement dans les terrains supracrétacés, et qui ne semblent pas dès lors avoir continué leur existence au-delà de l'époque tertiaire. Or les mêmes raisonne-ments, qui nous ont conduit à admettre la fixité de l'espèce, depuis la période quaternaire jusqu'aux temps modernes, s'appliquent également ici et nous forcent à étendre cette conclusion jusqu'à l'époque où furent for-més les terrains crétacés.

Les Mollusques viennent confirmer du reste cette conclusion ; l'enveloppe calcaire, qui protége le plus grand nombre de ces animaux, s'est conservée souvent d'une manière parfaite et permet de reconnaître les espèces auxquelles ces débris ont appartenu.

Les représentants de cette grande division du règne animal sont fréquents dans les terrains tertiaires et se rencontrent dans la plupart des couches de cette formation. Mais ce qui est fort remarquable, c'est qu'on y trouve, non-seulement de nombreuses espèces communes aux terrains supracrétacés et crétacés ; mais en outre, dans les couches supérieures à la craie, par exemple dans les sables marins récents, dans le crag de l'Angleterre, dans la molasse de Zurich, dans le bassin de Paris, dans l'argile de Londres, etc., on voit un certain nombre d'espèces qui vivent encore aujourd'hui. Telles sont les :

Solen siliqua *L.*
   — vagina *L.*
   — strigilatus *Lam.*
   — Legumen *L.*
Ostrea virginica *Lam.*
   — hippopus *Lam.*
Cardium edule *L.*
Nucula margaritacea *Lam.*
Arca antiquata *L.*
   — arata *Say.*

Arca brittanica *Reeve.*

— clathrata *Defr.*

— diluvii *Lk.*

— imbricata *Brug.*

— improcera *Conrad.*

— lactea *L.*

— Noæ *L.*

— pectunculoïdes *Sacchi.*

— tetragona *Poli.*

— tortuosa *L.*

Rostellaria Pes-pelicani *Lam.*

Murex elongatus *Lam.*

Turritella Terebra *Lam.*

Natica glaucina *Lam.*

Pyrula ficoïdes *Lam.*

Cerithium tuberculatum *Lam.*

Crepidula unguiformis *Lam.*

Etc., etc.

Or, si nous en jugeons par leurs coquilles, ces espèces seraient encore ce qu'elles étaient dans la période tertiaire. Elles n'ont donc pas varié, malgré les différences qui ont pu survenir dans les milieux ambiants.

D'une autre part un certain nombre d'espèces se voient à la fois et dans les dépôts crétacés et dans les terrains secondaires et rattachent pour ainsi dire l'une à l'autre les formes animales de ces deux époques géologiques.

Mais il est une observation, que nous ne pouvons passer sous silence, c'est que parmi les Mollusques des terrains supracrétacés de la France et de l'Europe, il en est dont nous ne trouvons les descendants encore vivants que dans les régions chaudes du globe, dans les mers de l'Inde ou de l'Afrique (1). Parmi les faits de ce genre que nous pourrions citer, nous en emprunterons quelques-uns à Lamarck lui-même, et nous croyons même devoir reproduire textuellement le passage dans lequel ce célèbre naturaliste nous les a fait connaître : « N'est-il pas remarquable, dit Lamark, de trouver parmi les fossiles de la France le *Nautilus pompilius L.*, qui ne vit actuellement que dans la mer des Indes et dans celle qui baigne les Moluques ? de rencontrer en abondance aux environs de Bordeaux, parmi les fossiles, le *Murex spirillus L.*, qui vit maintenant sur la côte de Tranquebar ? d'observer aux environs de Paris, dans l'état fossile, le *Cerithium hexagonum Brug.* et le *Cerithium serratum Brug.*, les mêmes espèces que le capitaine Cook, dans ses voyages, a rencontrées vivantes dans la mer du Sud, à l'île des Amis ? de trouver très-abondant, parmi les fossiles de Bordeaux, le *Trochus conchyliophorus*, qu'on nous apporte vivant ou dans l'état frais, des mers de l'Amérique australe ? de voir le *Murex tripterus*, fossile si commun à Grignon près Paris, et qui nous arrive

____

(1) Labèche, Manuel géologiq., 2ᵉ éd., p. 253.

dans l'état frais de la mer des Indes? » (1). Ces espéces n'ont donc pu continuer à vivre, qu'en se transportant dans des pays plus chauds, nouvelle preuve en faveur du refroidissement successif de notre globe dans les temps géologiques, et en même temps de cette loi que nous nous sommes efforcé d'établir, que les variations du climat tendent plutôt à détruire les espéces animales, qu'à produire en elles des changements qui les rendent aptes à s'accommoder aux nouvelles conditions d'existence auxquelles elles se trouvent soumises; elles émigrent ou elles périssent, mais ne se modifient pas.

Nous voyons donc que certaines espéces ont pu vivre, pendant plusieurs époques géologiques distinctes, sans éprouver aucune mutation, puisqu'en remontant du temps actuel à la période tertiaire, nous pouvons constater l'identité spécifique d'animaux qui se sont propagés pendant une longue suite de siècles.

Aucuns débris humains n'ont été jusqu'ici rencontrés dans les couches du groupe supracrétacé, ce qui tend à faire penser, ou bien que l'homme n'existait pas encore, ou qu'il n'habitait pas dans le voisinage des lieux où ces dépôts se sont formés. Mais on y a trouvé, dans diverses parties du monde, des ossements de quadrumanes, appartenant à des espèces perdues (2).

(1) Lamarck, Considérations sur quatre faits applicables à la théorie du globe, etc., dans les Ann. du Muséum, t. 6, p. 46.

(2) Lartet, Compte rendu de l'Acad. des Scien. 1837, t. 4, p. 39; Lyell, Princ. de géolog. 4, p. 392.

Dans le groupe crétacé on n'a recueilli jusqu'ici aucuns vestiges de Mammifères, mais des animaux marins, des Reptiles, des Poissons, des Articulés, enfin des animaux rayonnés. Il n'en faudrait pas conclure que les Mammifères n'existaient pas encore et que de cette époque seulement datent les perfections des organismes animaux. Le dépôt de la craie, ayant été complétement formé sous les eaux de la mer, ne pouvait présenter que des Cétacés dont les espèces paraissent avoir été de tout temps relativement peu nombreuses, on peut être quelques débris de Mammifères terrestres, entraînés dans l'Océan par les fleuves qui, à cette époque reculée, venaient y porter le tribut de leurs eaux. Il n'est pas étonnant dès lors qu'on n'ait rencontré jusqu'ici dans la craie aucun représentant du premier ordre de Vertébrés. Mais leur présence exceptionnelle y est possible, et ce qui semble le prouver, c'est que des ossements d'oiseaux ont été rencontrés dans la craie d'Angleterre (1), dans les schistes de Glaris, dépôt marin de la même époque, et enfin dans les strates Wéaldiennes, formation d'eau douce plus ancienne que la craie et qui constitue le membre le plus inférieur des terrains tertiaires.

Si pendant la période tertiaire, nous voyons apparaitre des types organiques nouveaux, il est aussi un certain nombre de formes animales, de genres mêmes, qui paraissent avoir complétement disparu pendant le

____

(1) Lyell, ibid. 1, p. 376.

cours de cette époque géologique. Tels sont par exemple :
les Bélemnites, les Ammonites, les Plagiostomes, etc., dont
les couches supracrétacées ne nous offrent déjà plus de
traces et qui n'ont plus de représentants dans le monde
actuel. Sans doute les modifications, survenues dans la
température du globe terrestre, étaient incompatibles
avec l'existence de ces êtres des âges anciens ; ils ont
péri, mais rien ne prouve qu'ils se soient transformés en
des êtres nouveaux.

Enfin nous ferons observer que dans cette succession
de Mammifères ou de Mollusques qu'on rencontre dans
les différentes couches des terrains tertiaires, on ne peut
découvrir aucun fait tendant à démontrer que la faune
était moins parfaite dans les couches les plus anciennes,
que dans les strates les plus récentes, et qui atteste un
développement progressif de l'organisation.

III. *Terrains secondaires.* — La vie ne fut pas moins
active pendant la période secondaire que pendant la
précédente, si nous en jugeons par la quantité pro-
digieuse de débris animaux qui se sont conservés jusqu'à nous ; ses manifestations ne furent pas moins
variées. Non-seulement on observe dans les couches
secondaires des restes d'animaux rayonnés, des Mollusques, des Annélides, des Crustacés, mais encore des
Poissons et d'énormes Reptiles. Enfin on y voit repa-
raître quelques ossements de Mammifères. Ainsi deux
espèces de cet ordre ont été rencontrées dans le schiste
de Stonesfield près d'Oxford, la couche la plus inférieure

du groupe oolithique; ce sont les *Thylacotherium Prevostii Valenc.* et *Phascolotherium Bucklandi Owen.*
La rareté des débris de Mammifères dans ces terrains ne doit pas surprendre, puisque ces dépôts sont de formation marine. Les deux espèces que nous venons de nommer sont les monuments les plus anciens que l'on connaisse du type des Mammifères, et viennent par leur présence démontrer qu'à cette époque si reculée, la vie animale avait atteint un grand degré de perfection. Mais si l'on n'a pas rencontré jusqu'ici, dans des dépôts plus anciens, des traces de l'existence des quadrupèdes, cela ne démontre pas que les deux petits Mammifères de Stonesfield aient été sur la terre les premiers représentants de cet ordre élevé, et encore moins qu'ils ne soient que des métamorphoses d'animaux plus simples. Du reste, s'il est vrai, comme on l'admet généralement, que les mêmes lois ont présidé à toutes les œuvres de la création, nous pourrions conclure par induction, de ce que dans les temps actuels de semblables transformations n'ont pas lieu, qu'il doit en avoir été de même pour les espèces animales éteintes.

Si cependant cette métamorphose eût été possible, nous en trouverions sans doute des preuves dans les terrains secondaires, où se sont conservés en si grande abondance des restes de la vie animale des temps anciens. Dans les marnes irisées, dans le muschelkalk, nous observerions les vestiges d'une série d'êtres intermédiaires entre les Reptiles et les Mammifères ; or, jusqu'ici rien de semblable n'a été observé, bien que les terrains dont nous parlons aient été explorés avec le plus grand soin et par les plus habiles naturalistes. Il est vraisemblable cependant que ces débris, s'ils existent, n'auraient pas échappé aux recherches. Car des transformations aussi complètes n'auraient pu s'opérer que par suite de l'action des agents modificateurs, prolongée pendant une longue suite de siècles, comme l'admettent du reste tous les partisans de l'opinion que nous combattons. Une catastrophe violente, universelle, aurait-elle fait disparaître partout les restes de ces êtres intermédiaires? Mais il faudrait admettre également que le même fait s'est reproduit à chacune des époques géologiques qui ont vu apparaître de nouveaux types organiques: comme si la nature avait eu dessein de soustraire à nos regards les preuves de cette prétendue filiation dans l'évolution progressive des êtres, telle que l'admettent plusieurs naturalistes, et nous cacher ainsi le secret de ses opérations. Qu'un cataclysme de ce genre se soit reproduit précisément à chacune des périodes de transformation des êtres, c'est une chose fort peu probable en elle-même, mais des faits fort importants ne permettent pas d'admettre une semblable supposition. Les couches secondaires paraissent s'être déposées lentement et sans que cette opération ait été interrompue par aucune secousse violente (1). En admettant même qu'un

(1) Les soulèvements qui, dans quelques contrées, sont venus

semblable bouleversement se soit répété à la surface de la terre, précisément à ces époques de transition, qu'il ait anéanti entièrement les débris de ces formations animales, faisant passage des Reptiles aux Mammifères et aux Oiseaux, il est évident que cette cause de destruction aurait, à plus forte raison, fait disparaître, dans les mêmes lieux, tous les êtres vivants, et qu'on ne devrait plus rencontrer des espèces identiques dans les dépôts formés immédiatement avant et immédiatement après le bouleversement, dont il est ici question. Mais en est-il réellement ainsi? N'y a-t-il pas d'espèces à la fois communes aux diverses couches secondaires? Il serait facile d'en citer plusieurs exemples parmi les Mollusques.

Il existe également dans les terrains secondaires un certain nombre d'espèces, principalement du genre Térébratule, qui sont également propres à la fois aux dépôts secondaires et aux strates des dépôts de transition, même les plus inférieurs, dans lesquels se voient encore des débris organiques. Ces vestiges viennent ainsi nous fournir un dernier anneau qui lie les produits primitifs de l'organisation animale à la chaîne non interrompue qui rattache tous les âges géologiques à la période actuelle.

Nous n'avons rien dit jusqu'ici des végétaux, qui pour-

bouleverser les couches secondaires, n'ont eu lieu qu'après leur formation, comme on le voit dans la chaîne du Jura; mais en Lorraine les couches jurassiques ont conservé leur position horizontale.

tant ont existé dans toutes les périodes précédentes. Mais leurs restes, ayant généralement subi une altération plus profonde que chez les animaux, et surtout dans les organes caractéristiques des espèces, nous n'avons pu nous étayer sur eux. L'analogie toutefois doit nous conduire à penser, qu'il en fut de la vie végétale, comme de l'organisation animale aux diverses époques géologiques et que les plantes n'ont pas, plus que les animaux, subi de modifications qui aient transformé successivement les espèces les unes dans les autres, de manière à donner naissance aux formes actuelles.

4. *Terrains de transition.* — Ce sont les couches les plus anciennes du globe, où se rencontrent des débris organiques. Si la théorie de l'évolution successive des êtres est vraie, si de simples qu'ils étaient dans l'origine, ils sont peu à peu devenus de plus en plus compliqués, de plus en plus parfaits, nous ne devons rencontrer dans cette formation que des animaux et des végétaux peu élevés dans l'échelle des êtres, et, dans les couches les plus anciennes, nous ne devons plus observer que des organismes d'une grande simplicité. Mais si nous recherchons quelles sont les nombreuses productions organiques qui se voient dans le groupe carbonifère et même dans les couches les plus inférieures de la grauwacke, nous y trouvons, parmi les animaux, non-seulement des Zoophytes et des Radiaires, mais des Mollusques en fort grand nombre, des Anélides et des Crustacés, enfin des Poissons ; or, tous ces animaux semblent être

aussi parfaits que ceux de même ordre qui vivent encore aujourd'hui. Par conséquent, dès l'époque où l'organisation animale apparut sur notre planète, elle offrait déjà des représentants des quatre grandes divisions du règne animal. Le règne végétal nous offre également, dans les dernières couches fossilifères, de nombreuses espèces, appartenant à des familles naturelles très-variées. Ainsi nous y trouvons avec des Algues, des Lycopodiacées, des Marsiléacées, des Equisétacées et des Fougères gigantesques, c'est-à-dire, les végétaux acotylés les plus parfaits, qui de nos jours n'ont plus d'analogues de même taille que dans les contrées intertropicales. Nous y trouvons également des Palmiers, végétaux très-élevés aussi dans la division des monocotylées. Enfin la troisième grande division du règne végétal y est aussi représentée par des végétaux appartenant à la famille des Conifères et des Cydadées. On peut citer parmi les Cupressinées :

le Chamæcyparites Ullmanni *Endl.*;

et parmi les Abiétinées les :

Pinites anthracinus *Endl.*,
— ornatus *Gœpp.*,
Peuce Wilhami *Lindl. et Hutt.*,
Pissadendron primævum *Ung.*,
— antiquum *Ung.*,

(149)

Dadoxylon Wilhami *Endl.*,
—   medullare *Endl.*,
—   Brandlingi *Endl.*,
—   Buchianum *Endl.*,
—   ambiguum *Endl.*,
—   carbonaceum *Endl.*,
—   stigmolithos *Endl.*,
Araucarites Sternbergii *Gœpp.*,
—   Philipsii *Endl.* (1).

Ainsi donc, s'il est vrai que, depuis ces temps primitifs du monde, des animaux et des végétaux plus complexes encore ont reçu l'existence, il n'en reste pas moins démontré que l'organisation n'apparut pas sur la terre exclusivement sous ses formes les plus simples, puisque nous trouvons dans les couches fossilifères les plus anciennes des espèces de toutes les grandes classes, végétales et animales.

Il nous paraît résulter de tous ces faits, comme conclusions vraisemblables :

1° Qu'aux différents âges de notre planète, l'espèce n'a pas plus varié que dans les temps actuels ;

2° Que les influences extérieures n'ont pas modifié les êtres, ne les ont pas transformés les uns dans les autres, mais ont fait disparaître successivement un grand nombre

(1) Conf. Unger, Synopsis plantarum fossilium, Lipsiæ, 1845 ; Endlicher, Synopsis Coniferarum, Sangalli, 1847.

de types organiques, végétaux et animaux, qui ont
apparu et se sont succédés sur notre globe aux diverses
époques géologiques.

LIBRAIRIE